上海市建筑标准设计

建筑浮筑楼板保温隔声系统构造

DBJT 08—133—2021
图集号：2021 沪 J112

同济大学出版社

2022 上海

图书在版编目（CIP）数据

建筑浮筑楼板保温隔声系统构造 / 中国建筑标准设计研究院有限公司，上海建科检验有限公司主编 . -- 上海 : 同济大学出版社，2022.2

ISBN 978-7-5765-0106-3

Ⅰ . ①建… Ⅱ . ①中… ②上… Ⅲ . ①建筑设计—混凝土楼板—保温工程—隔声—技术标准—上海 Ⅳ . ① TU2-65

中国版本图书馆 CIP 数据核字（2022）第 003601 号

建筑浮筑楼板保温隔声系统构造

中国建筑标准设计研究院有限公司
上 海 建 科 检 验 有 限 公 司 主编

策划编辑 张平官

责任编辑 朱 勇

责任校对 徐春莲

封面设计 陈益平

出版发行 同济大学出版社 www.tongjipress.com.cn

（地址：上海市四平路 1239 号 邮编：200092 电话：021-65985622）

经 销 全国各地新华书店

印 刷 浦江求真印务有限公司

开 本 787mm × 1092mm 1/16

印 张 1.5

字 数 37 000

版 次 2022 年 2 月第 1 版 2022 年 2 月第 1 次印刷

书 号 ISBN 978-7-5765-0106-3

定 价 20.00 元

上海市住房和城乡建设管理委员会文件

沪建标定〔2021〕512号

上海市住房和城乡建设管理委员会
关于批准《建筑浮筑楼板保温隔声系统构造》
为上海市建筑标准设计的通知

各有关单位：

由中国建筑标准设计研究院有限公司和上海建科检验有限公司主编的《建筑浮筑楼板保温隔声系统构造》，经我委审核，现批准为上海市建筑标准设计，统一编号为 DBJT 08-133-2021，图集号为 2021 沪 J112，自 2021 年 12 月 1 日起实施。

本规范由上海市住房和城乡建设管理委员会负责管理，中国建筑标准设计研究院有限公司负责解释。

特此通知。

上海市住房和城乡建设管理委员会

二〇二一年八月十日

前 言

根据上海市住房和城乡建设管理委员会《关于印发〈2019 年上海市工程建设规范、建筑标准设计编制计划〉的通知》(沪建标定〔2018〕753 号)要求，图集编制组在深入调研、认真总结实践经验、参考国内先进标准和广泛征求意见的基础上，编制了本图集。

本图集的主要内容有：总说明；浮筑楼板保温隔声系统构造；辐射供暖楼地面保温隔声构造；保温隔声垫接缝处理；分格缝设置示意；典型防水层构造；管道穿楼面、楼面交接处构造；常用饰面层构造。

各单位及相关人员在执行本图集过程中，如有意见和建议，请反馈至上海市住房和城乡建设管理委员会（地址：上海市大沽路 100 号；邮编：200003；E-mail：shjsbzgl@163.com），中国建筑标准设计研究院有限公司（地址：上海市恒丰路 329 号；邮编：200070；E-mail：liss@cbs.com.cn），上海市建筑建材业市场管理总站（地址：上海市小木桥路 683 号；邮编：200032；E-mail：shgcbz@163.com），以供今后修订时参考。

主 编 单 位： 中国建筑标准设计研究院有限公司

上海建科检验有限公司

参 编 单 位： 浙江众创材料科技有限公司

神州节能科技集团有限公司

广州孚达隔热材料有限公司

淮安清华科技节能材料有限公司

宁波森威装饰材料有限公司

全屋（北京）集成建筑技术有限公司

洛科威防火保温材料（广州）有限公司

钟化（苏州）缓冲材料有限公司

上海绿羽节能科技有限公司

上海东方雨虹防水工程有限公司

主要起草人： 李珊珊　高　鹏　岳　鹏　徐　颖　刘　炜　韩秀龙　高铁彦　熊少波　谷玉江　锁　伟

张引强　董成斌　武田浩　刘　冲　邹文利　李圣明　韩　超　黄　维　曹华富　何静玉

严　冰　燕　冰　徐　铭　王亚军　许　斌　肖玉麒　杨　亭

主要审查人： 王宝海　徐　强　赵为民　张永明　李伟兴　岳志铁　李　斌

上海市建筑建材业市场管理总站

建筑浮筑楼板保温隔声系统构造

批准部门：上海市住房和城乡建设管理委员会
主编单位：中国建筑标准设计研究院有限公司
上海建科检验有限公司
批准文号：沪建标定〔2021〕512号
统一编号：DBJT 08－133－2021
图 集 号：2021沪J112

主编单位负责人：
主编单位技术负责人：
技术审定人：
技术负责人：

目 录

总 说 明

1 编制依据

1.1 本图集根据上海市住房和城乡建设管理委员会《关于印发〈2019年上海市工程建设规范、建筑标准设计编制计划〉的通知》进行编制。

1.2 设计依据

《建筑浮筑楼板保温隔声系统应用技术标准》DG/TJ 08-2365

《建筑地面设计规范》GB 50037

《建筑地面工程施工质量验收规范》GB 50209

《民用建筑热工设计规范》GB 50176

《公共建筑节能设计标准》DGJ 08-107

《居住建筑节能设计标准》DGJ 08-205

《民用建筑隔声设计规范》GB 50118

《辐射供暖供冷技术规程》JGJ 142

《地面辐射供暖技术规程》DG/TJ 08-2161

当依据的标准规范进行修订或有新的标准规范颁布实施时，本图集与现行工程建设标准不符的内容、限制或淘汰的技术或产品，视为无效。工程技术人员在参考使用时，应注意加以区分，并应对本图集相关内容进行复核后选用。

2 适用范围

适用于本市新建、扩建和改建的居住建筑浮筑楼板保温隔声系统的设计，学校、医院、旅馆、办公、商业等公共建筑以及实施旧房改造的居住建筑在技术条件相同时也可适用。

3 图集内容

本图集包括浮筑楼板保温隔声系统构造做法和细部详图。选用本图集浮筑楼板保温隔声构造时，其设计、构造和材料的要求，除应符合本图集的规定外，尚应符合国家、行业和本市相关现行标准的规定。

4 浮筑楼板保温隔声系统及组成材料定义和性能

4.1 浮筑楼板保温隔声系统：由楼板结构层、保温隔声垫、细石混凝土保护层、竖向隔声片等组成，起保温、隔声作用的构造系统。

4.2 保温隔声垫：铺设于楼板结构层上部的弹性垫层，具有撞击声隔声、保温功能的材料。

4.3 竖向隔声片：设置在保温隔声垫、细石混凝土保护层以及饰面层与四周墙体、柱及穿越楼板竖向管道之间起阻断声桥作用的弹性材料。

4.4 浮筑楼板保温隔声系统及组成材料的技术要求应符合现行上海市工程建设规范《建筑浮筑楼板保温隔声系统应用技术标准》DG/TJ 08-2365的有关规定。

5 设计

5.1 保温隔声垫的厚度应根据现行建筑节能设计标准和隔声设计标准，按热工和隔声要求确定。

5.2 热工设计

5.2.1 居住建筑有保温要求的楼板的传热系数应符合现行上海市工程建设规范《居住建筑节能设计标准》DGJ 08-205的有关规定。

5.2.2 公共建筑有保温要求的楼板的传热系数应符合现行上海市工程建设规范《公共建筑节能设计标准》DGJ 08-107的有关规定。

5.2.3 保温隔声垫的热工计算取值应符合下列规定：

1）保温隔声垫的导热系数不应大于0.037W/(m·K)。

2）单一材料保温隔声垫产品的导热系数应取表1数值和国家现行相关标准中该类产品导热系数规定值二者中的最小值；修正系数按表1取值。

3）分层复合保温隔声垫产品的热工性能应不考虑隔声材料的热工性能。保温材料导热系数应取表1数值和国家现行相关标准中该类产品导热系数规定值二者中的最小值；修正系数按表1取值。

表1 保温隔声垫的热工计算选用值

材料名称	导热系数λ [W/(m·K)]	修正系数 a
保温隔声垫	0.037	1.20

5.3 隔声设计

5.3.1 浮筑楼板保温隔声系统撞击声隔声、空气声隔声性能应符合现行国家标准《民用建筑隔声设计规范》GB 50118及现行上海市工程建设规范《建筑浮筑楼板保温隔声系统应用技术标准》DG/TJ 08-2365、《住宅设计标准》DGJ 08-20的有关规定。

5.3.2 保温隔声垫撞击声改善量ΔL_w不应小于18dB。

5.3.3 浮筑楼板保温隔声系统的撞击声隔声性能，可采用楼板结构层的撞击声压级与保温隔声垫的撞击声改善量作为设计参考。

浮筑楼板保温隔声系统的撞击声隔声量L_w可按下式计算：

$$L_w = L_{n,0,w} - \Delta L_w$$

式中 L_w——浮筑楼板保温隔声系统的撞击声隔声量(dB)；

$L_{n,0,w}$——楼板结构层计权规范化撞击声压级（dB），取值见表2；

ΔL_w——保温隔声垫（含细石混凝土保护层）的撞击声改善量（dB），其值应为保温隔声垫附加40mm细石混凝土保护层后的撞击声改善量试验室测试值。

表2　楼板结构层计权规范化撞击声压级

材　料	厚度（mm）	计权规范化撞击声压级$L_{n,0,w}$（dB）
钢筋混凝土	110	80
	120	79
	130	78
	140	77

5.3.4 隔声设计应在第5.3.2条的基础上，设置不小于3dB的安全余量。

5.4 构造设计

5.4.1 有防水要求的房间，除应按国家现行相关标准的有关规定进行防水设计外，还应在保温隔声垫与细石混凝土保护层间设置一道防水透气膜，其他房间宜在保温隔声垫与细石混凝土保护层间设置防水透气膜。

5.4.2 当采用体积吸水率大于3%的保温隔声垫以及采用未贴覆防水透气膜的无机纤维类保温隔声垫时，应在保温隔声垫与细石混凝土防护层间铺设一层防水透气膜。

5.4.3 楼板结构层表面不平整时，应铺设找平层，表面平整度应控制在3mm以内。

5.4.4 保温隔声垫铺设要求：

1）保温隔声垫宜采用空铺方式铺设，铺设应平整，对接缝应紧密，接缝宽度不应大于1mm。

2）保温隔声垫之间的对接缝应采用防水胶带做密封处理，防水胶带宽度不应小于40mm，防水胶带在接缝两侧的粘贴宽度宜相等，且平整、牢固，不应有皱褶。防水胶带长度方向接缝应采用搭接处理，搭接长度不应小于10mm。

5.4.5 浮筑楼板保温隔声系统与侧墙交接处应采用竖向隔声片进行隔声处理：

1）竖向隔声片应采用保温隔声垫同质材料或弹性材料，厚度不应小于5mm。

2）竖向隔声片应紧密铺贴于墙体表面，高度应高于细石混凝土保护层上表面至少20mm；对于全装修住宅，竖向隔声片的高度应与饰面层平齐。

3）竖向隔声片接缝应采用对接方式，接缝宽度不应大于1mm。

4）保温隔声垫与竖向隔声片之间、竖向隔声片之间的对接缝应采用防水胶带做密封处理，要求同第5.4.4条中的相关规定。

5.4.6 保护层：

1）细石混凝土性能应符合现行国家标准《预拌混凝土》GB/T 14902的规定，强度等级不应低于C25。

2）细石混凝土防护层的厚度不应小于40mm；当采用混凝土填充式地面辐射供暖的楼板保温隔声系统时，细石混凝土保护层（或填充层）的厚度不宜小于50mm。

3）细石混凝土保护层中铺设的钢丝网片性能应符合现行国家标准《镀锌电焊网》GB／T 33 2 81的规定，应采用网号为40×40、丝径为4.00mm的镀锌电焊网。

4）钢丝网片应设置在距细石混凝土保护层顶面15mm～20mm的位置，钢丝网片的拼接应采用搭接方式，搭接宽度不应小于100mm。

5.4.7 细石混凝土保护层分格缝设置要求：

1）铺设面积大于30m²或边长大于6m时，应设置分格缝，且分格缝的间距不应大于6m。

2）门洞口、墙体阳角处、保温隔声楼板和非保温隔声楼板交界处应设置分格缝。

3）采用整体浇筑时，分格缝宽度不应小于3mm，深度不应小于20mm，且应切断钢丝网片，但不得破坏保温隔声垫。

4）采用分仓浇筑时，不同房间的浮筑楼板保温隔声系统应在门洞口地面处（门坎）断开。

5.4.8 饰面层：

1）面层材料可为地砖、石材、木地板、地毯、PVC地板、橡胶地板等，还可采用水泥砂浆、细石混凝土、地板漆及其他面层材料。

2）由于面层的做法和材料较多，图集中构造未标注面层的厚度，设计选用时应根据所选面层材料的厚度和构造，确定结构降板的高度和楼板标高。

3）采用木地板饰面层时，细石混凝土保护层可作为龙骨的持钉层，但不得穿透细石混凝土保护层。

5.4.9 地面辐射供暖：

1）采用混凝土填充式地面辐射供暖系统时，保温隔声垫应设置在反射隔热膜下方。细石混凝土填充层中设置的防裂用镀锌电焊网距离混凝土填充层上表面宜为15mm～20mm。

2）采用预制沟槽保温板地面辐射供暖系统时，预制沟槽保温板的总厚度一般不超过35mm，面层宜为直接铺设木地板的干法施工，不适合采用木地板的部位，可采用石材或地砖面层等的湿法施工。

3）地面辐射供暖应符合现行行业标准《辐射供暖供冷技术规程》JGJ 142、现行上海市工程建设规范《地面辐射供暖技术规程》DG/TJ 08-2161的有关规定。

5.4.10 铺设浮筑楼板保温隔声系统的房间管道不宜穿越楼板。确需穿越时，应在管道四周包裹竖向隔声片，并用水泥砂浆密封处理。

6 其他

6.1 本图集中除注明单位外，其他均以毫米（mm）为单位。

6.2 其他未尽事宜，均应按照国家现行标准执行。

7 详图索引方法

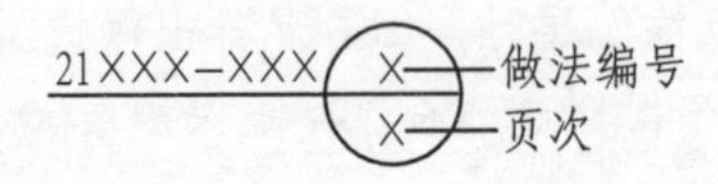

8 本图集图例

本图集图例见表3。

表3 本图集图例

序号	名称	图例	备注
1	保温隔声垫、竖向隔声片		竖向隔声片与保温隔声垫可采用不同弹性材料
2	隔声保温垫（预制沟槽）		也包括其他泡沫塑料材料
3	细石混凝土		—
4	水泥砂浆		包括普通水泥砂浆、胶粘剂、自流平涂层
5	钢筋混凝土		—
6	砌体材料		包括普通砖、多孔砖、混凝土砖等砌体
7	防水材料		包括各种防水材料、防水胶带
8	饰面砖		包括铺地砖、马赛克等
9	石材饰面		—
10	木地板饰面		—
11	木材		—
12	密封胶		本图例采用加密的线

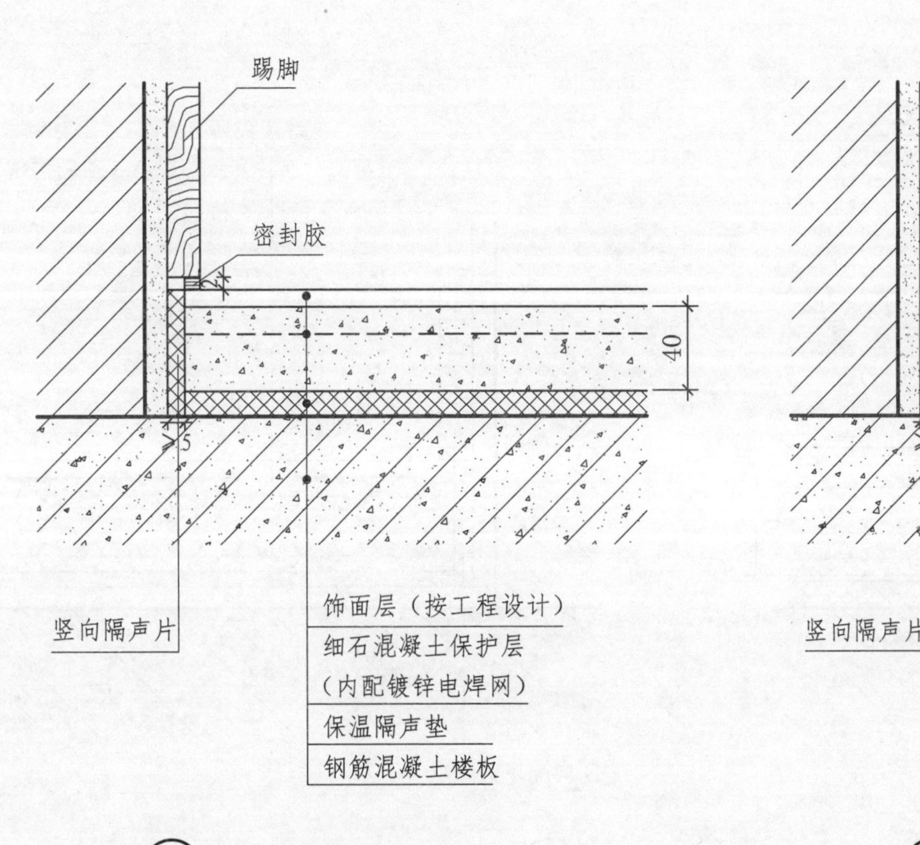

① 楼板保温隔声构造（一）

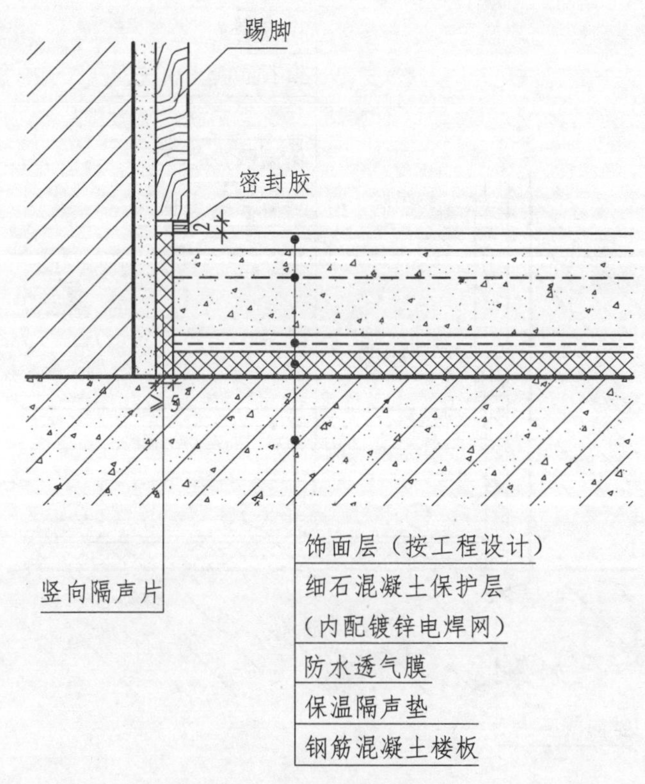

② 楼板保温隔声构造（二）

浮筑楼板保温隔声系统构造	图集号	2021沪J112
	页	7

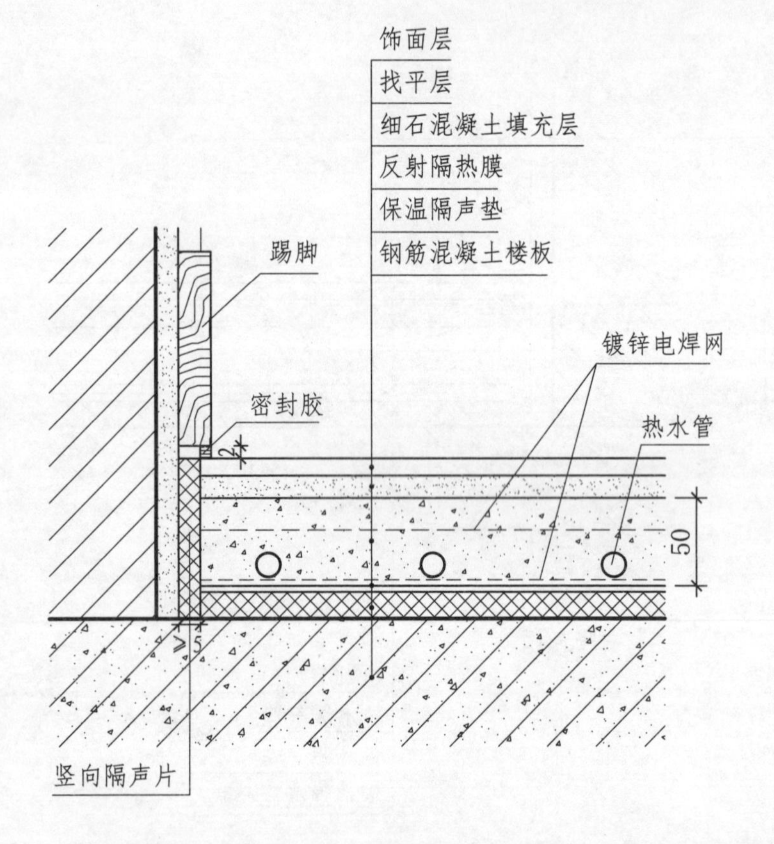

① 混凝土填充式辐射供暖楼板保温隔声构造

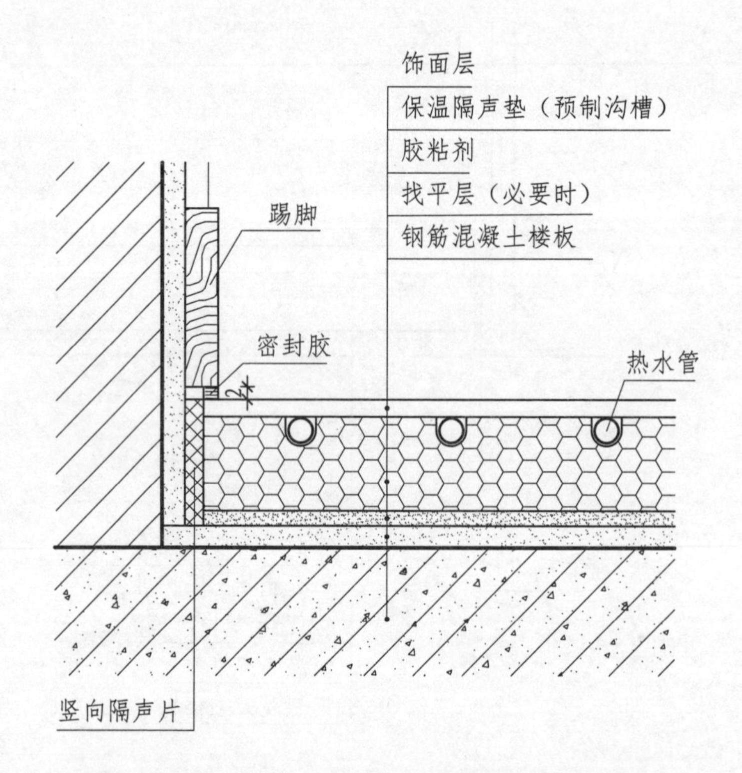

② 预制沟槽式辐射供暖楼板保温隔声构造

注：预制沟槽式辐射供暖楼板均热层设置应符合现行行业标准《辐射供暖供冷技术规程》JGJ 142、现行上海市工程建设规范《地面辐射供暖技术规程》DG/TJ 08-2161的有关规定。

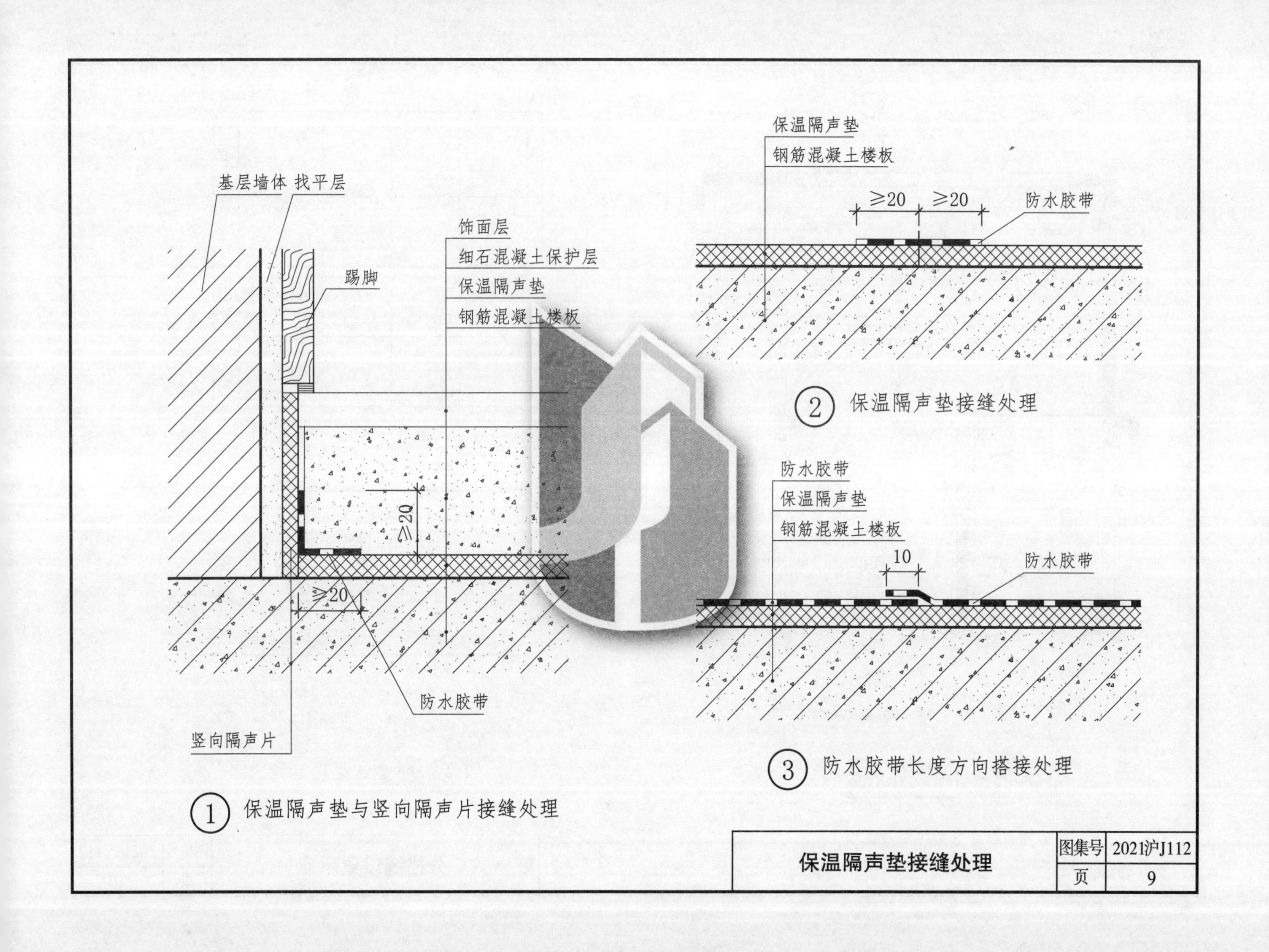

保温隔声垫接缝处理	图集号	2021沪J112
	页	9

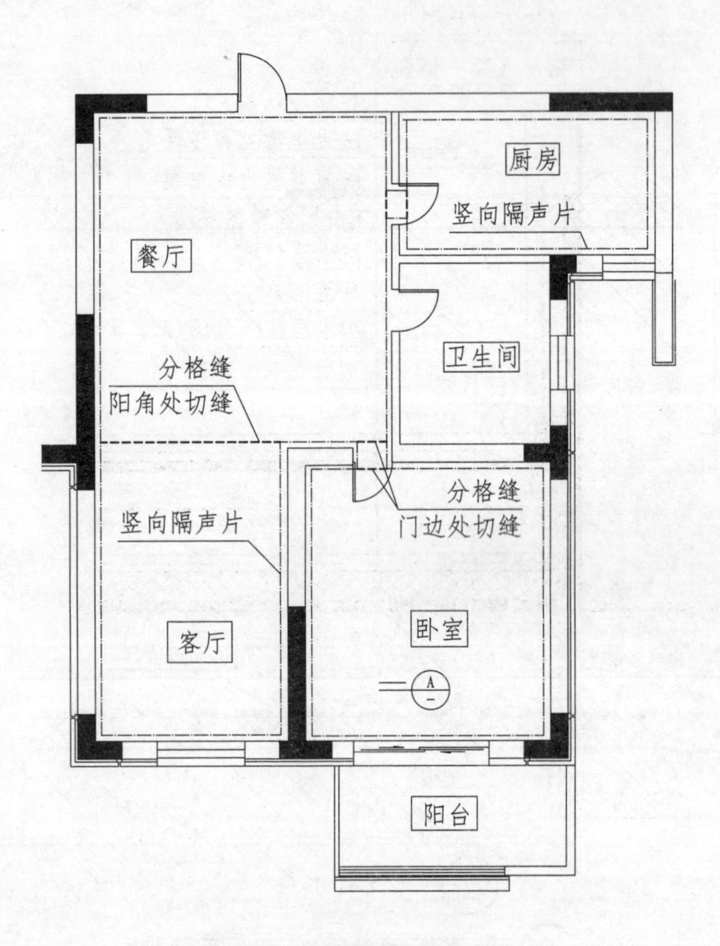

房间分格缝设置示意

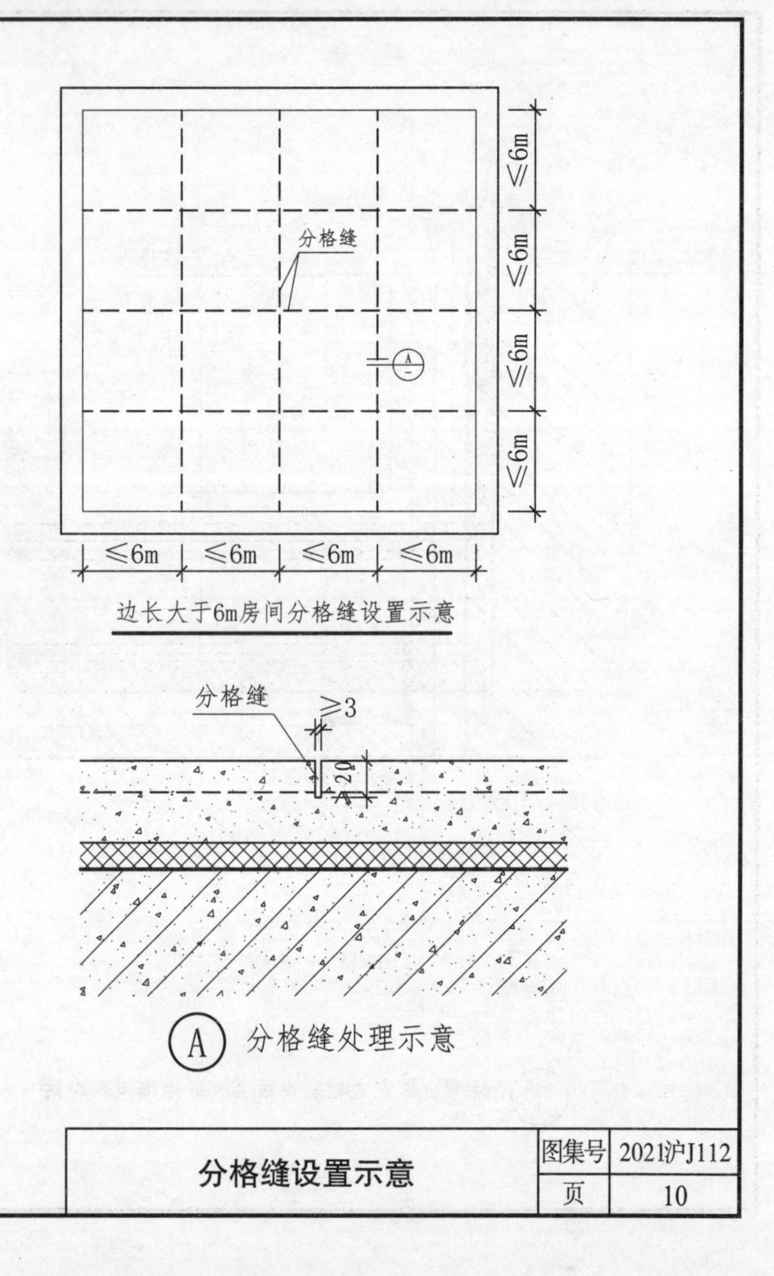

边长大于6m房间分格缝设置示意

Ⓐ 分格缝处理示意

注:门边、墙体阳角等位置应设置分格缝。

分格缝设置示意	图集号	2021沪J112
	页	10

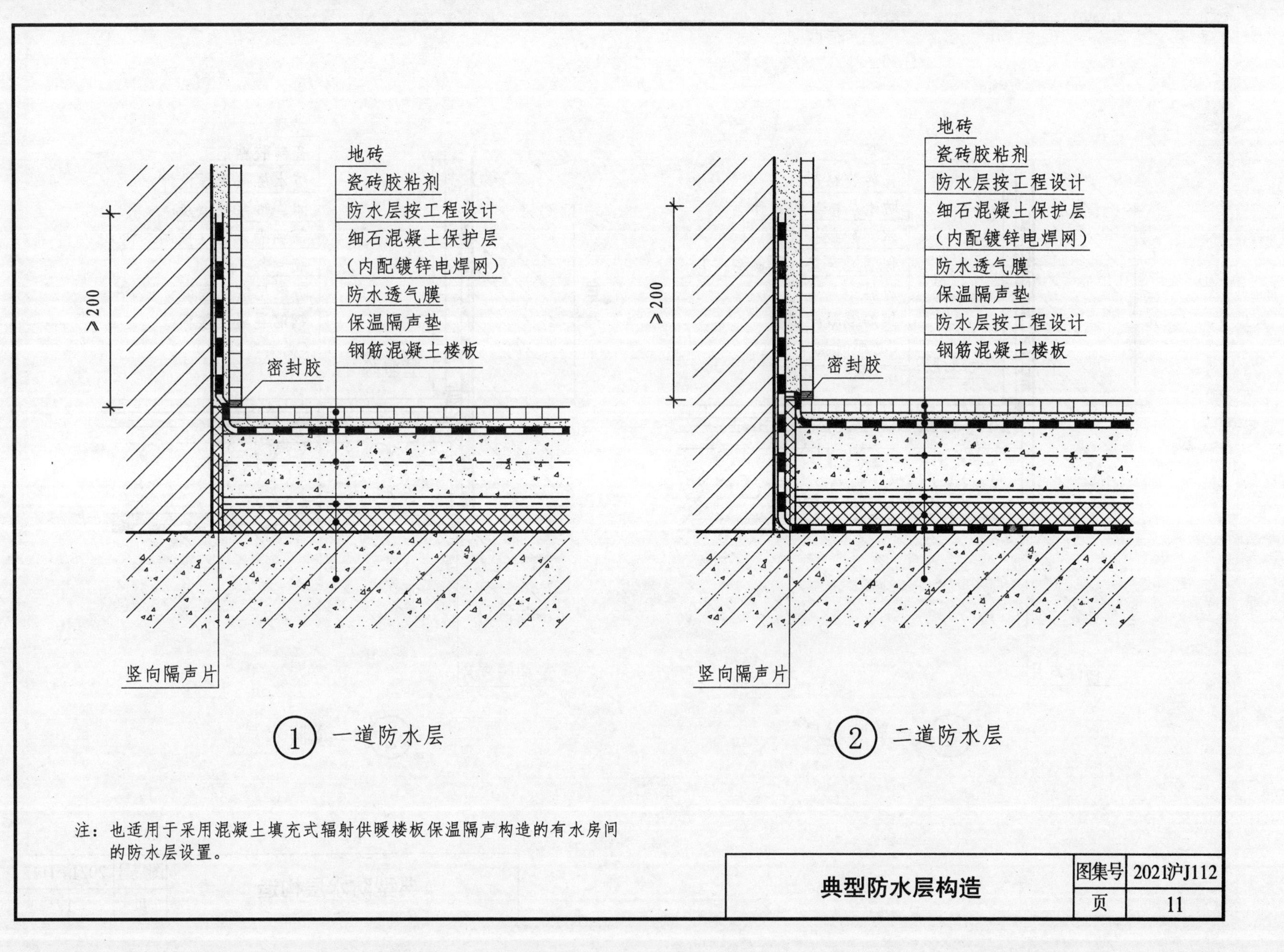

① 一道防水层

② 二道防水层

注：也适用于采用混凝土填充式辐射供暖楼板保温隔声构造的有水房间的防水层设置。

典型防水层构造	图集号	2021沪J112
	页	11

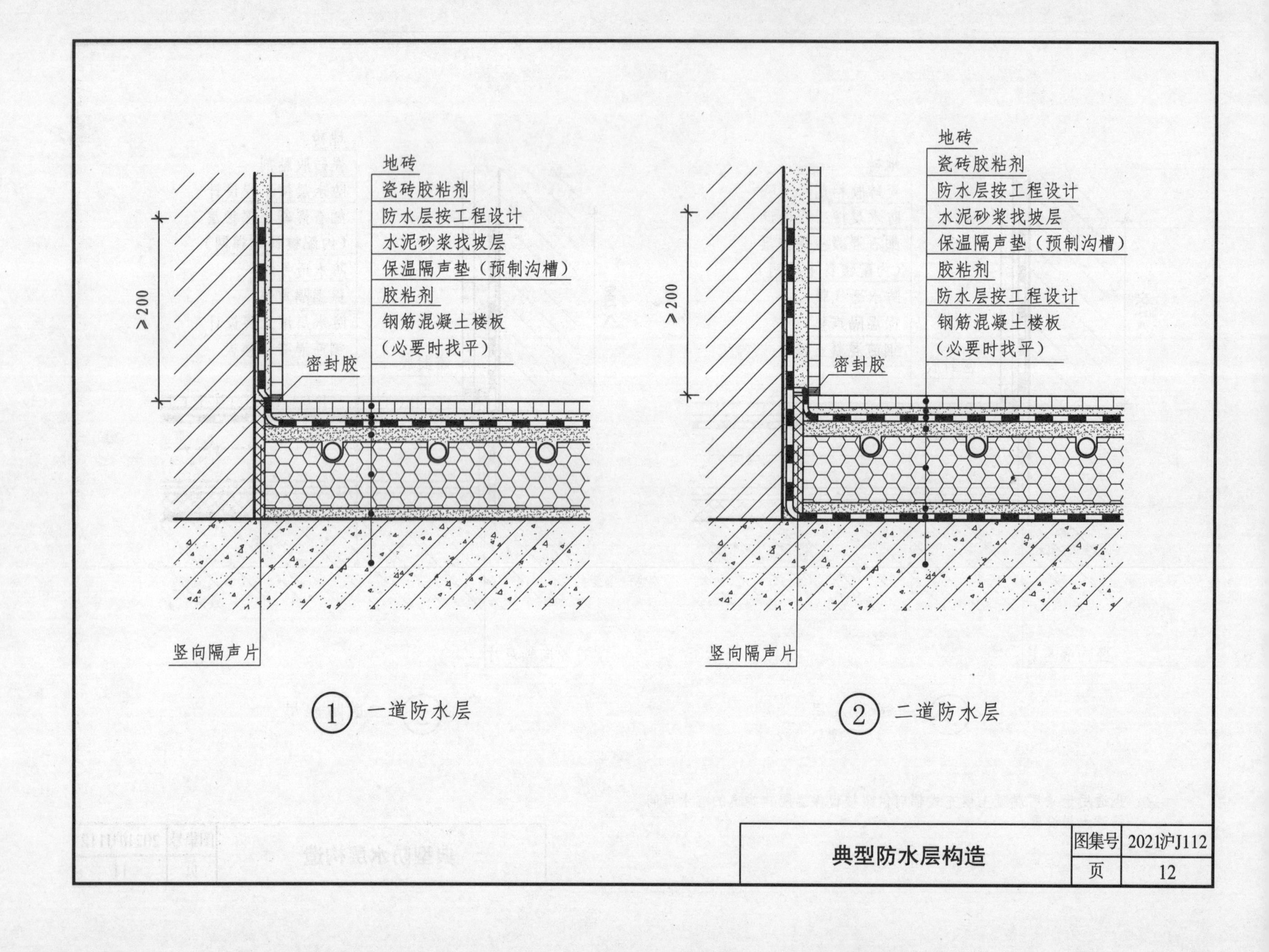

典型防水层构造	图集号	2021沪J112
	页	12

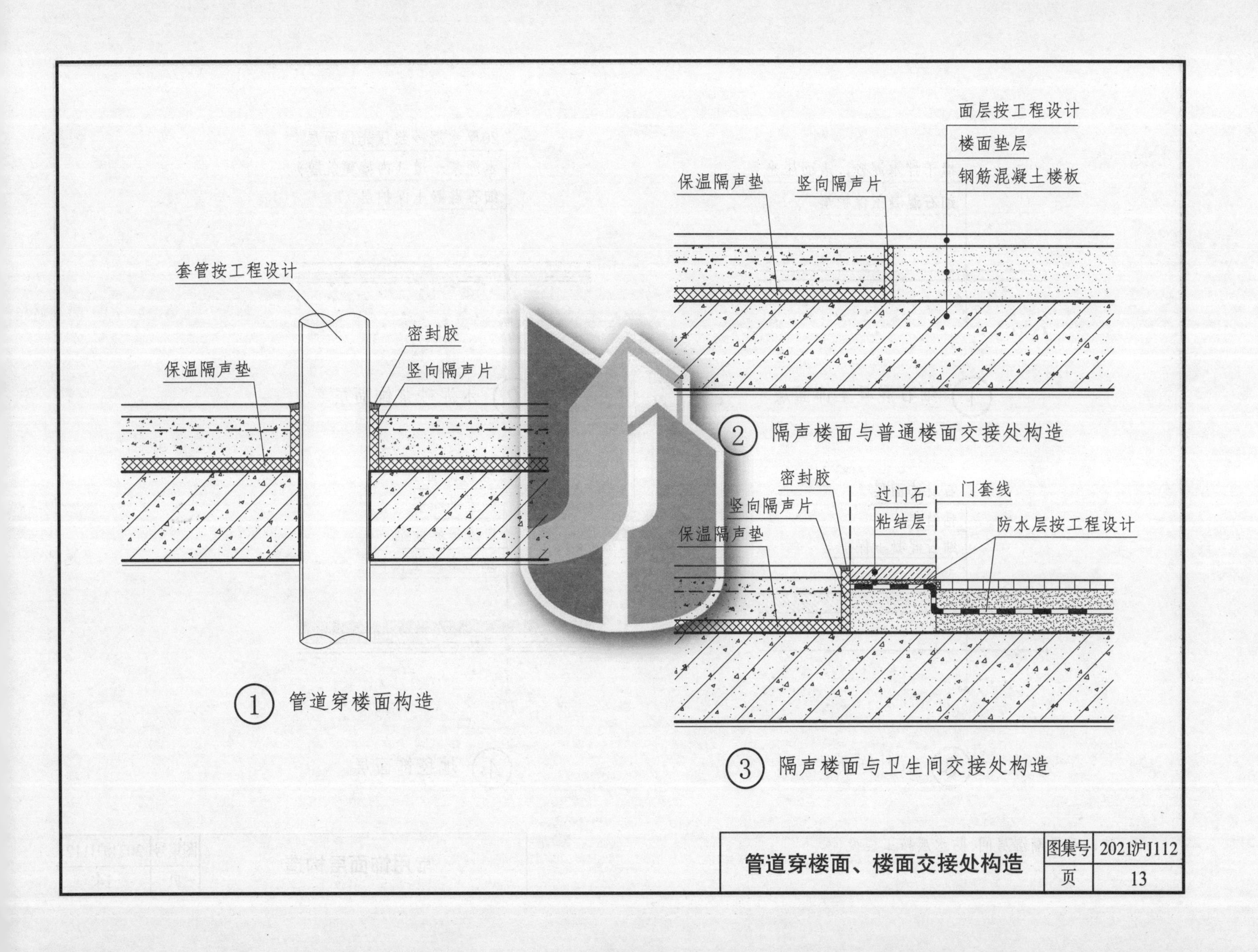

① 管道穿楼面构造

② 隔声楼面与普通楼面交接处构造

③ 隔声楼面与卫生间交接处构造

管道穿楼面、楼面交接处构造	图集号	2021沪J112
	页	13

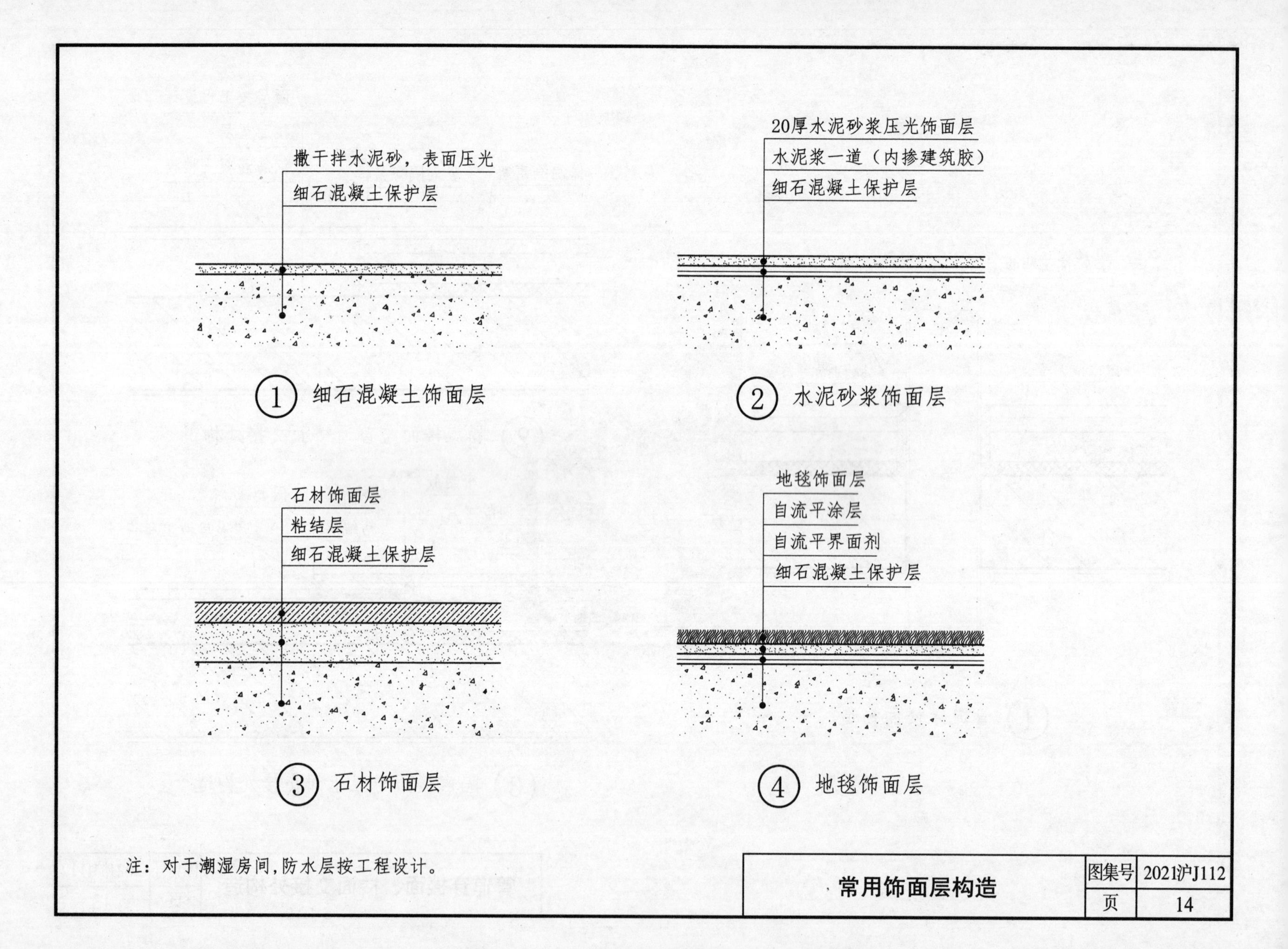

① 细石混凝土饰面层

② 水泥砂浆饰面层

③ 石材饰面层

④ 地毯饰面层

注：对于潮湿房间，防水层按工程设计。

常用饰面层构造	图集号	2021沪J112
	页	14

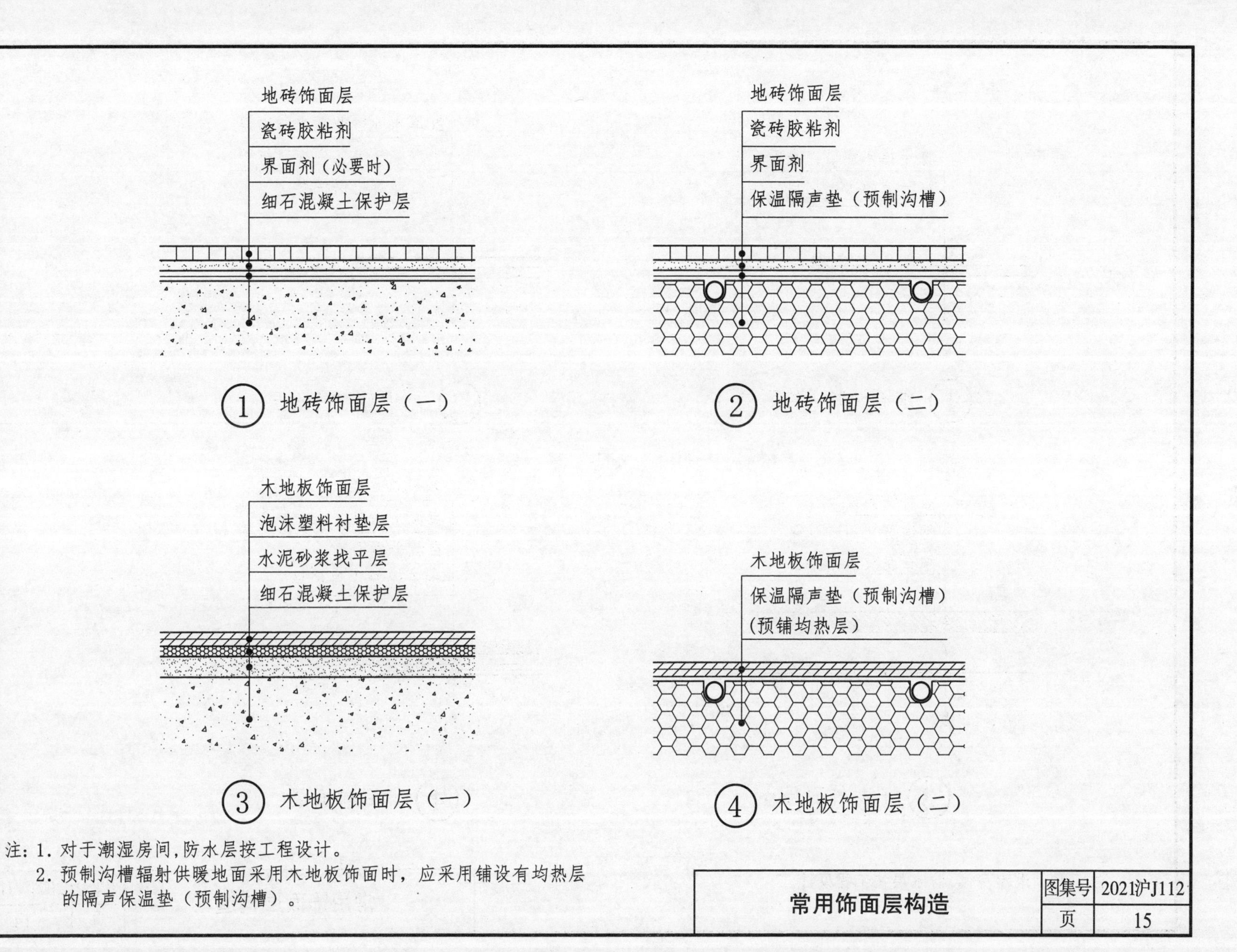

① 地砖饰面层（一）

② 地砖饰面层（二）

③ 木地板饰面层（一）

④ 木地板饰面层（二）

注：1. 对于潮湿房间，防水层按工程设计。
2. 预制沟槽辐射供暖地面采用木地板饰面时，应采用铺设有均热层的隔声保温垫（预制沟槽）。